DEUTSCHE
DEMOKRATISCHE
REPUBLIK
DEUTSCHE AKADEMIE
DER
LANDWIRTSCHAFTS-
WISSENSCHAFTEN
ZU BERLIN

SITZUNGSBERICHTE

1969 · Band XVIII · Heft 1

GÜNTHER SCHILLING

Neue Ergebnisse und Probleme der Pflanzenernährung in der Deutschen Demokratischen Republik

Mit 3 Abbildungen und 6 Tabellen

AKADEMIE-VERLAG · BERLIN 1970

Gehalten vor der Sektion Bodenkunde und Pflanzenernährung
der Deutschen Akademie der Landwirtschaftswissenschaften zu Berlin
am 20. Februar 1969

Herausgeber: Deutsche Demokratische Republik
Deutsche Akademie der Landwirtschaftswissenschaften zu Berlin
Erschienen im Akademie-Verlag GmbH, 108 Berlin, Leipziger Straße 3–4

Lizenznummer: 202 · 100/444/70
Herstellung: IV/2/14 VEB Werkdruck, 445 Gräfenhainichen · 3313
Bestellnummer: 2141/18/1 · ES 22 D
2,60

Eine wichtige Aufgabe der Agrarwissenschaft nach dem X. Deutschen Bauernkongreß besteht bekanntlich darin, Pflanzenproduktionssysteme für die sozialistische Großflächenwirtschaft zu entwickeln und sie ständig auf dem neuesten Stand der wissenschaftlichen Erkenntnis zu halten. Integrierender Bestandteil solcher Systeme ist das Teilsystem Düngung, wie es beispielsweise von SIMCHEN (1968) zur Diskussion gestellt wurde. Es hat die Aufgabe, den Einsatz ökonomisch gerechtfertigter Düngermengen so sinnvoll wie möglich gestalten zu helfen. Dabei erhebt sich die Frage, welche Düngermengen gerechtfertigt sind. Auf prognostische Zeiträume orientiert, muß man wohl davon ausgehen, daß der Mineraldüngereinsatz – und nur über diesen soll im weiteren Verlauf der Ausführungen gesprochen werden – nicht mehr durch das Aufkommen begrenzt sein wird. Es dürfte eher darum gehen, den Einsatz bis zu der durch das Nährstoffverarbeitungsvermögen der Pflanze gegebenen Grenze zu steigern. Dadurch kommen auch neuartige Anwendungen – z. B. in Kombination mit Bewässerung oder Wachstumsregulatoren – in Frage. Möglichkeiten hierfür zu erforschen ist daher eine wichtige wissenschaftliche Aufgabe der Gegenwart.

Um den richtigen Weg zur Gewinnung solcher Erkenntnisse zu finden, scheint es zweckmäßig zu sein, die Ertragsbildung und ihre Abhängigkeit von Außenfaktoren zunächst näher zu betrachten. In Abbildung 1 wird

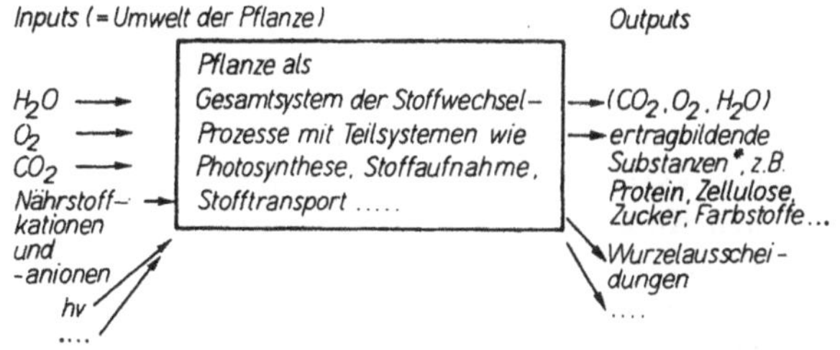

Abb. 1: Die höhere Pflanze als offenes kybernetisches System

* Ein Teil der ertragbildenden Substanzen (z. B. Fermentproteine) wird in das System eingegliedert und bildet die Voraussetzung zu seiner Erweiterung.

versucht, dies auf der Basis eines Schemas zu bewerkstelligen, in welchem die Kulturpflanze als offenes kybernetisches System aufgefaßt wird. Man erkennt auf der linken Seite die Inputs des Systems, die im traditionellen

Sprachgebrauch als Umwelt der Pflanze oder als Wachstumsfaktoren bezeichnet werden. In der Mitte folgt das eigentliche System, und rechts sind die Outputs verzeichnet, von denen nur Menge und Zusammensetzung der ertragbildenden Substanzen für die gegenwärtige Betrachtung von Bedeutung sind. Beachtenswert erscheint, daß ein Teil der Substanzen, die den Ertrag darstellen, nach ihrer Bildung zunächst Bestandteile des Systems werden (z. B. Fermentproteine), d. h., sie gehören dann zur „Maschinerie", die weitere Substanzen erzeugt. Einige Outputs bilden daher die Grundlage zur Erweiterung des Systems, was einen gewissen Unterschied zu vielen Produktionssystemen der Industrie darstellt.

Die eingangs formulierte Aufgabe der Pflanzenernährung besteht – auf diese Darstellung übertragen – darin, Möglichkeiten aufzuzeigen, wie in Zukunft das Verhältnis von kostenverursachenden Inputs zum Output ertragbildende Substanzen noch günstiger zu gestalten ist, wobei große Mineralnährstoffmengen eingesetzt werden sollen.

Als mögliche Wege bieten sich an:

a) die Suche nach neuen Idiotypen der Pflanze, die der Lösung dieser Aufgabe besser entsprechen. Das würde einer Änderung in der Konstruktion des Systems gleichkommen und ist Aufgabe der Pflanzenzüchtung.

b) das gezielte Aufsuchen zeitlicher und mengenmäßiger Kombinationen von Inputs, die ein günstigeres Verhalten des Systems zur Folge haben; denn bisher wird die Abhängigkeit des pflanzlichen Stoffwechsels von der Umwelt nur teilweise verstanden und daher unvollkommen zielstrebig genutzt.

Die nachfolgenden Ausführungen befassen sich entsprechend der Ziel-, setzung dieser Arbeit lediglich mit dem unter b) genannten Weg. Demzufolge erhebt sich die Frage, auf welche Weise man zielstrebig neue, günstigere Inputkombinationen unter Einsatz höherer Mineralnährstoffmengen auffinden kann.

Vom empirischen Vorgehen zunächst einmal abgesehen, bei dem mehr oder weniger zufällig ausgewählte Inputkombinationen in Feldversuchen erprobt und dann empfohlen oder verworfen werden, bieten sich insbesondere zwei methodische Varianten an. Die eine versucht, zunächst systematisch alle möglichen Kombinationen und Intensitätsstufen der als wirksam bekannten Inputs zu testen und das Ergebnis in Form mathematischer Ansätze zu verallgemeinern, welche die Ertragsbildung in Abhängigkeit von der Umwelt beschreiben. Aus ihnen lassen sich dann die für die Ertragsbildung „optimalen" Konstellationen ablesen, und durch Vergleich mit Analysendaten des Standortes und/oder solchen junger Pflanzen können Maßnahmen zur Lenkung der Ertragsbildung ermittelt werden. Auf diese Weise wird erstrebt, eine Art Prozeßsteuerung wie in der Industrie zu erreichen, wobei der Erfolg zweifelsohne vor allem davon abhängt, wie genau die mathematischen Ansätze das Verhalten der jeweiligen Pflanzenart bzw. -sorte widerspiegeln.

Wenn nachfolgend einige Versuche zur Gewinnung derartiger Formulierungen zitiert werden, so geschieht dies lediglich mit dem Ziel, einen Eindruck von den beschrittenen Wegen zu vermitteln und die sich ergebenden Möglichkeiten sowie die bisher bemerkbaren Grenzen anzudeuten. Die Auswahl der Beispiele muß dabei begrenzt bleiben und kann nicht frei von subjektiven Zügen sein.
Eines der Grundprobleme bei der Formulierung solcher Ansätze dürfte darin bestehen, daß die Anzahl der bedeutsamen Inputs, das Ausmaß ihres quantitativen Einflusses und die Bedeutung verschiedener Kombinationen in Abhängigkeit von der Ontogenese der jeweiligen Pflanzenart nicht genau genug bekannt sind, um von vornherein eine vertretbare und sinnvolle Begrenzung der zu prüfenden Parameterkombinationen festzulegen. Da der mögliche Versuchsaufwand jedoch begrenzt ist, wurde bisher meist versucht, durch Annahme bestimmter Voraussetzungen eine Begrenzung zu rechtfertigen. Unter dem Aspekt der Lösung dieser Probleme erfolgt die Darstellung der nunmehr zu nennenden Varianten.
Bekanntlich war MITSCHERLICH (1909) einer der ersten Forscher, der versuchte, exakte mathematische Beziehungen zwischen Nährstoffangebot und Ertrag zu formulieren. Die Anwendung seines allgemein bekannten Ansatzes

$$\frac{dy}{dx} = c_1 (A - y) \tag{1}$$

oder integriert

$$y = A (1 - 10^{-cx}) \tag{2}$$

mit y = Ertrag, A = erzielbarer Höchstertrag bei alleiniger Steigerung des Wachstumsfaktors x unter sonst gleichen Bedingungen (x = z. B. Menge des betrachteten Nährstoffs) und $c_1 = c \cdot 0{,}434$ bei c = Wirkungsfaktor des betrachteten Wachstumsfaktors

ist später von ihm auf alle Wachstumsfaktoren ausgedehnt worden, z. B. auch auf Wasser und sogar auf züchterische Fortschritte (vgl. MITSCHERLICH, 1949, dort weitere Originalzitate). Im Jahre 1918 hat BAULE versucht, die Wirkung mehrerer gleichzeitig gestaffelter Wachstumsfaktoren in dieses sogenannte „Wirkungsgesetz der Wachstumsfaktoren" einzubeziehen, wodurch bei n Wachstumsfaktoren die Funktion

$$y = A_n \cdot (1 - 10^{-c_1x_1}) (1 - 10^{-c_2x_2}) \cdots (1 - 10^{-c_nx_n}) \tag{3}$$

zustande kommt. A_n bedeutet dabei der durch gesteigerte Zufuhr der n Wachstumsfaktoren erzielbare Höchstertrag. MITSCHERLICH hat später (MITSCHERLICH, 1928) die Grundgleichung (2) erweitert und in sie einen Schädigungsfaktor eingefügt, um den Ertragsverlauf beispielsweise auch bis zur Überdüngung mit dem betrachteten Nährstoff beschreiben zu können. Doch ändert dies nichts am Grundsätzlichen.

Bei der Anwendung dieser Gleichungen wird von folgenden Bedingungen bzw. Begrenzungen ausgegangen:

a) Der Ertrag an den jeweils interessierenden Organen ist proportional dem Gesamtertrag; denn die Beziehungen wurden ursprünglich für den letzteren gefunden (vgl. jedoch z. B. SCHEFFER, 1942).
b) Die Wirkung der Wachstumsfaktoren verläuft additiv und unabhängig voneinander (vgl. jedoch v. BOGUSLAWSKI, 1958).
c) Zeitliche Veränderungen der jeweils betrachteten Wachstumsfaktoren, die außerhalb der „Norm" liegen, spielen keine Rolle. Das heißt beispielsweise, daß der Ertrag eine Funktion des vor Vegetationsbeginn vorhandenen Nährstoffpotentials darstellt.

Diese Voraussetzungen gelten offenbar nicht exakt; denn nicht immer konnte der von den Mitscherlichgleichungen geforderte Ertragsverlauf (Abb. 2) bei Nährstoffsteigerungsversuchen gefunden werden. Daher hat sich in der Literatur eine umfangreiche Diskussion über die Gültigkeit der Beziehungen und über die Konstanz der Wirkungsfaktoren entwickelt (vgl. v. BOGUSLAWSKI, 1958). Im Interesse der Überschaubarkeit der erfaßten Inputkombinationen sowie der Auswertbarkeit der Resultate sind eben bei der Formulierung der Gleichungen Vereinfachungen vorgenommen worden, die nicht grundsätzlich gerechtfertigt sind. Der beschriebene Zusammenhang gilt daher nur unter bestimmten Bedingungen und auch dann nur als grobe Näherung. Er hat sich beispielsweise für die überschlägige Ermittlung des P- und K-Bedarfs auf Grund von Bodenuntersuchungsergebnissen bewährt. Dagegen vermag er die spezifische Steigerung des Samenertrages bei Kruziferen durch späte N-Gaben nicht vorauszusagen. Auch Wirkungen auf die Qualität der Ernteprodukte lassen sich nicht abschätzen.

Auf Grund dieser unzulänglichen Widerspiegelung der Realität ist von vielen Forschern versucht worden, bessere Formulierungen zu finden. Ältere Versuche dieser Art sind bei v. BOGUSLAWSKI (1958) verzeichnet und sollen, da sie keine allgemeine Anerkennung gefunden haben, hier nicht näher erläutert werden. Erwähnenswert erscheint jedoch die sogenannte dritte Annäherung des Ertragsgesetzes[1] (v. BOGUSLAWSKI und SCHNEIDER, 1961/62 und 1963). Sie ist in dem Bestreben entwickelt worden, die bei Nährstoffsteigerungsversuchen mit wechselnden Nährstoffverhältnissen gefundenen Wertereihen mathematisch zu erfassen und besitzt letztlich ebenso wie die Mitscherlichgleichung einen empirischen Ursprung. In ihr haben prinzipielle Aussagen der Mitscherlichfunktion ihren Platz gefunden, wie der gekrümmte Verlauf der Ertragskurve im Sinne einer Exponentialfunktion bei gestaffelter Anwendung des be-

[1] Als erste Annäherung werden die Gleichungen (1) und (2), als zweite die unter Einbeziehung von Schädigungsfaktoren entstandenen nach MITSCHERLICH bezeichnet (vgl. v. BOGUSLAWSKI, 1961/62).

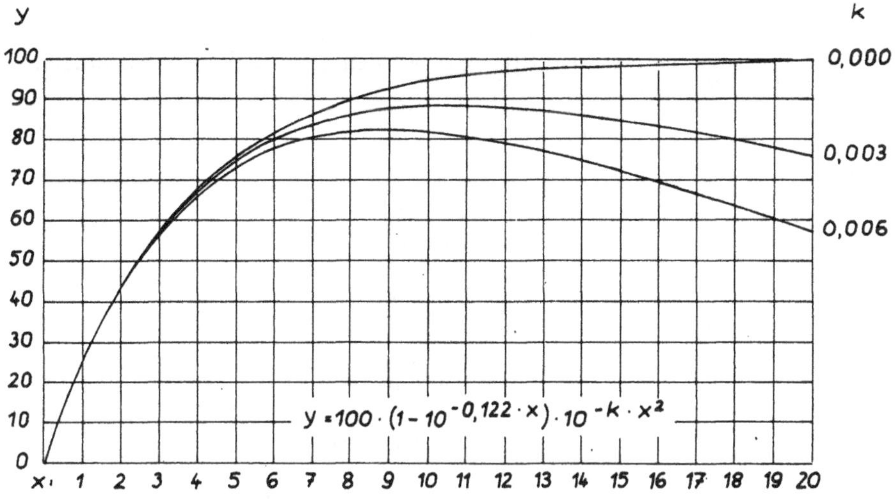

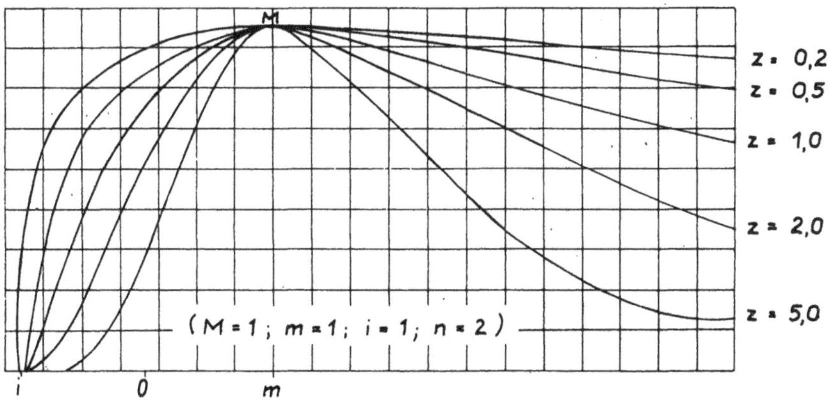

Abb. 2: oben: Ertragsfunktion nach MITSCHERLICH (1949) unter Berücksichtigung des Schädigungsfaktors
unten: Ertragsfunktion nach v. BOGUSLAWSKI und SCHNEIDER (1963) (Erklärungen im Text)

trachteten Nährstoffes sowie die Konzeption eines Höchstertrages, über den die Steigerung des fraglichen Nährstoffes nicht hinausführen kann. Im Gegensatz zu MITSCHERLICH werden jedoch Wechselwirkungen der Nährstoffe zugelassen. Die Funktion hat die Form

$$y = M\, 10^{-z\left|\left(\log \frac{x+i}{m+i}\right)\right|^{n}}. \tag{4}$$

Dabei sind: y = der in einer großen statistischen Gesamtheit zu erwartende mittlere Ertrag
x = verabreichte Menge des betrachteten Nährstoffes
M = Maximalertrag, der durch Zufuhr des variierten Faktors (Nährstoff) erreichbar ist
m = der zu M gehörende Wert der Nährstoffgabe x
i = der Abstand des Anfangspunktes der Kurve vom Nullpunkt der x-Achse (gemessen in Einheiten der Nährstoffgabe x)
z = eine dimensionslose Kenngröße
n = Exponent

Die graphische Darstellung der Funktion führt zu Kurven (Abb. 2), die vom Anfangswert bis zum Maximalwert M monoton ansteigen und dann wieder monoton abfallen. Sie besitzen sowohl im ansteigenden als auch im abfallenden Teil eine mehr oder minder stark ausgeprägte S-Form, wie sie beispielsweise auch von KALTOFEN (1966) gefordert wird. Letztere wird durch den Parameter z erreicht und bestimmt, für den es kein Analogon in den Mitscherlichgleichungen gibt. Hingegen gibt es Beziehungen zwischen M und dem Höchstertrag A MITSCHERLICHS sowie zwischen der Größe $m + i$ und dem Parameter c MITSCHERLICHS wie auch natürlich zwischen den x-Werten. Über Einzelheiten ist bei v. BOGUSLAWSKI und SCHNEIDER (1963) nachzulesen, wo sich auch Ausführungen zum Exponenten n finden.
Die dritte Annäherung des Ertragsgesetzes stellt eine Weiterentwicklung der Arbeiten MITSCHERLICHS dar, die erwiesenermaßen eine genauere mathematische Beschreibung verschiedener gefundener Zahlenreihen aus Düngungsversuchen gestattet. Sie geht im Grunde genommen auch von den unter a) und c) genannten Bedingungen aus und gilt nachgewiesenermaßen vorerst lediglich für die Wirkung der Nährstoffe, und zwar bei Anwendung vor der Saat. Sie beschreibt daher das Verhalten der Pflanzen auch nur innerhalb eines kleinen Ausschnittes der möglichen Inputkombinationen. Welche allgemeingültigen Schlüsse über anzustrebende Nährstoffmengen und -verhältnisse sich ergeben, aus denen Richtwerte für die Düngung auf einzelnen Standorten abgeleitet werden können, bleibt abzuwarten; denn hierzu sind noch zahlreiche Versuche erforderlich.
Um nun die einschränkenden und nicht ohne weiteres vorauszusetzenden Bedingungen der bisher genannten Ansätze zu umgehen und um Unterschiede zwischen Sorten und Arten hinsichtlich der Ertragsbildung in

Abhängigkeit vom Gang der Umweltfaktoren während der Vegetation (zeitliche Veränderung der Inputs) offenkundig werden zu lassen, ist von CLAUS und UNGER (1965) ein andersartiger Ansatz entwickelt worden. Er lautet:

$$y = \int_T f(x)\,dt + u, \qquad u : N\ \{0, \sigma^2\}. \tag{5}$$

Dabei sind: y = Ertrag

$T = (t_A, t_E)$ das normierte phänologische Zeitintervall im Zustandsraum mit dem Aussaattermin t_A und dem Erntetermin t_E

$x(t, x_1(t), \ldots, x_s(t))$ = Vektor der Zustandsparameter

$f(x)$ = Bewertung der einzelnen durch den Vektor x dargestellten Zustände, über den Zustandsraum erklärt und integrierbar

u = Fehlergröße, als normal verteilte zufällige Veränderliche vorausgesetzt

x ist darin der Vektor der Zustandsparameter $(t, x_1(t), x_2(t), \ldots, x_s(t))$, wobei t der jeweils innerhalb der Vegetation betrachtete Zeitpunkt, $x_1(t)$ z. B. die Temperatur zum Zeitpunkt t, $x_2(t)$ der N-Gehalt des Substrates zum Zeitpunkt t usw. sein können. Betrachtet man außer der Zeit zwei solcher Zustandsparameter und trägt man alle Werte von x als Punkte in einen $(2 + 1)$-dimensionalen euklidischen Raum (= Zustandsraum) ein, so ergibt sich innerhalb der Vegetationszeit der in der Abbildung 3 darge-

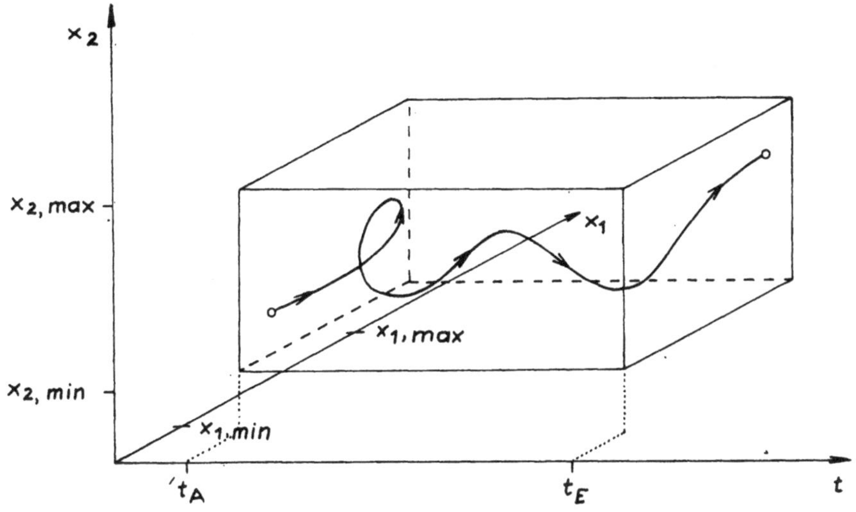

Abb. 3: Schematischer Verlauf zweier Zustandsparameter im Zustandsraum nach CLAUS und UNGER (1965) (Erläuterungen im Text)

stellte Kurvenzug, d. h., der zeitliche Verlauf der am Standort der Pflanzen aufeinander folgenden Zustände der Umgebung erscheint in dem genannten Zustandsdiagramm als eine Raumkurve. $f(x)$ ist dann die Bewertungsfunktion der einzelnen, durch den Vektor x dargestellten Zustände, über den Zustandsraum erklärt und integrierbar. Gleichung (5) besagt damit, daß der Ertrag y eine Funktion dieses „gesamten zeitlichen Ganges" der betrachteten Zustandsparameter ist.

Die Autoren haben weiter überlegt, daß zu jedem Zeitpunkt t am Standort nicht nur eine einzige Konstellation der Zustandsparameter herrschen kann, sondern daß durch Inhomogenität der Luftmassen und des Bodens zugleich verschiedene Konstellationen der Umgebung (Inputkombinationen) auftreten. Das ergäbe eine Menge von Punkten im Zustandsraum, die dem jeweiligen Zeitpunkt zugeordnet ist. Über das ganze phänologische Zeitintervall gesehen, ergibt sich dann kein Kurvenzug, sondern eine „röhrenförmige" Menge von Punkten. Unter Berücksichtigung dieser Vorstellungen ist Gl. (5) in eine zufällige Mengenfunktion übergeführt worden, worüber in der Originalarbeit nachgelesen werden muß. Sie sagt – grob formuliert – aus, daß für die betreffende Sorte übereinstimmende Umweltverhältnisse auch übereinstimmende Ertragsgrößen nach sich ziehen und liefert ein Maß für die Enge dieses Zusammenhanges.

Die Aufgabe besteht nun darin, die Bewertungsfunktion $f(x)$, die sortentypisch ist, zu schätzen, denn sie spiegelt die Wirkung des Ganges der Umweltkonstellationen auf den Ertrag des Idiotyps wider. Dazu wird diese Funktion nach einem über den Zustandsraum erklärten System linear unabhängiger (integrierbarer) Basisfunktionen entwickelt, die für die betreffende Sorte vorteilhaft erscheinen. Ohne auf Einzelheiten einzugehen, kann gesagt werden, daß als Ergebnis Regressionen entstehen, die den Ertrag in Abhängigkeit von den betrachteten Zustandsparametern beschreiben und die auf Gleichheit bei den betrachteten Sorten zu prüfen sind.

Das Verfahren von CLAUS und UNGER stellt zweifellos einen großen Fortschritt dar, denn es geht im Gegensatz zu den vorher beschriebenen nicht von einschränkenden Voraussetzungen aus. Allerdings bringt es im Sinne der hier zu behandelnden Fragestellung folgende Probleme mit sich:

1. Eine große Anzahl von Umgebungsmeßwerten wird benötigt (Abhängigkeit von der Zeit!)
2. $p \leqq n$, d. h., die Anzahl der berücksichtigten Zustandsparameter der Umgebung muß gleich oder kleiner sein als die Anzahl der Ertragsbestimmungen. Man benötigt also möglichst viele Ertragsmeßwerte, d. h. Wiederholungsversuche oder fortdauernde Ertragsmessungen, bei denen aber wiederum nur innerhalb des gleichen Entwicklungsstadiums verglichen werden kann.
3. Die Ergebnisse beschreiben die Ertragsbildung der Sorte in Abhängigkeit von den einbezogenen Inputs und vor allem die Unterschiede zwi-

schen verschiedenen Sorten bzw. Stämmen. Sie liefern also eine Art Zertifikat für das Züchtungsprodukt. Wegen der unter 1. und 2. genannten Umstände bereitet es jedoch Schwierigkeiten, schnell solche Inputkombinationen herauszufinden, die neue Produktionsmöglichkeiten unter Einsatz sehr hoher Mineralnährstoffgaben eröffnen. Es müssen zu viele zeitliche Staffelungen und Kombinationen mit anderen Maßnahmen erprobt werden. Der Ansatz ist von den Autoren eben für andere Zwecke entwickelt worden.

Betrachtet man abschließend zusammenfassend die realen Möglichkeiten, die sich aus der Anwendung der zitierten mathematischen Ansätze für die gezielte Auffindung neuer, für die Ertragsbildung günstigerer Inputkombinationen ergeben, so zeigt sich, daß die einfacheren Formulierungen nur grobe Hinweise geben können, weil die in ihnen enthaltenen Voraussetzungen und Bedingungen nicht exakt zutreffen. Bei dem allgemeingültigen Ansatz von CLAUS und UNGER (1965) ist dagegen der Versuchsaufwand sehr hoch. Da offenbar die verschiedensten Wechselwirkungen zwischen den Inputs und ihrer Größe auftreten und da sicher auch das zeitliche Auftreten dieser Kombinationen entscheidenden Einfluß ausübt (vgl. z. B. v. BOGUSLAWSKI, LIMBERG und SCHNEIDER, 1963), wird man auf dem hier gezeigten Weg nur allmählich vorankommen. Das schließt nicht aus, daß Entdeckungen gemacht werden können, die doch noch vertretbare Vereinfachungen gestatten. Erinnert sei z. B. an den Versuch, bei der Kartoffel über Allometriekonstanten zu Voraussagen über den endgültigen Ertrag nach Ablauf eines Teils der Vegetationszeit zu gelangen und dadurch die Prüfzeit mit den zu erprobenden Inputkombinationen zu verkürzen (ENGEL, 1963, dort Originalliteratur). Doch erscheinen auch andere Wege noch möglich (ENGEL, 1969). Vorerst dürfte es jedoch kein allgemeingültiges, erprobtes Verfahren in dieser Richtung geben.

Auf Grund des geschilderten Sachverhaltes erscheint es sinnvoll, nunmehr eine zweite Variante des methodischen Vorgehens zur Auffindung neuer Inputkombinationen zu betrachten. Wenn das bisher betrachtete Verfahren vorerst durch die Vielzahl der zu prüfenden Versuchsanordnungen auf Schwierigkeiten stößt, so müßte es über ein tiefgründigeres Verständnis für die im System Pflanze ablaufenden Stoffwechselprozesse und ihre Umweltabhängigkeit möglich werden, gezielt sinnvolle Inputkombinationen vorzuschlagen. Dadurch wäre es möglich, eine Vorauswahl der zu erprobenden Situationen zu treffen und auch das bisher beschriebene Verfahren (z. B. nach dem Ansatz von CLAUS und UNGER, 1965) zu befruchten.

Es geht also um die Ermittlung konkreter Stoffwechselschritte in der Pflanze, ihrer Umweltabhängigkeit und Verknüpfung miteinander zum Verständnis des Systems der Stoffwechselprozesse und als Grundlage für Einzelmaßnahmen. Um zielstrebig Zusammenhänge aufzudecken, werden zunächst einzelne stoffliche Inputs, z. B. der Dünger-N, herausgegriffen und ihr Weg im Stoffwechsel verfolgt mit dem Ziel, die an ihrer Umsetzung beteiligten Reaktionsketten zu erkennen und gleichzeitig physiologische Auswirkungen im Sinne der gesteuerten Erzeugung bestimmter Substanzen (z. B. bestimmter Proteine) zu prüfen. Das Landwirtschaftlich-Chemische Institut der Friedrich-Schiller-Universität Jena hat sich in den letzten Jahren hiermit beschäftigt. Es soll daher versucht werden, kurz zurückzublicken und ausgehend von den ersten Gedankengängen einige neue Resultate mitzuteilen sowie diese unter Bezugnahme auf die bisher diskutierte Problematik zusammenfassend auszuwerten. Ausgangspunkt war die Untersuchung der Frage, weshalb zusätzliche späte N-Gaben zu Getreide den Gehalt an Protein-N im Getreidekorn stark erhöhen. Einerseits konnte der zusätzliche N von der aufnehmenden Wurzel direkt in das wachsende Korn wandern und dort das zusätzliche Eiweiß bilden, zum anderen war es auch möglich, daß zunächst eine weitgehende Durchmischung mit dem in der Pflanze vorhandenen N stattfand. Die Verabreichung des späten N in ^{15}N-markierter Form und die Bestimmung des ^{15}N-Anteils in den einzelnen Organen gestattete eine Antwort. Die Tabelle 1 zeigt das Ergebnis solcher Versuche. Man erkennt zunächst, daß

Tabelle 1

Beeinflussung des Kornertrages, des Gehaltes an Samen-N und Markierung einzelner N-Fraktionen bei Anwendung zusätzlicher N-Gaben etwa zur Blüte bei *Triticum aestivum* L. (Versuche in Mitscherlichgefäßen mit Quarzsand, Zusammenstellung aus 2 Versuchen, N-Grunddüngung 1 g N je Gefäß, jeweils mindestens 3 Parallelgefäße)

	ohne zusätzl. N	mit zusätzl. N (2,3 g N/Gef.)
Korn-Ertrag g/Gefäß (rel.)	34,2 (100)	37,3 (109)
N-Gehalt im Samen % (rel.)	2,2 (100)	3,9 (177)
vorherrschend erhöhte N-Fraktion im Korn (Reife) (Versuch unveröffentlicht)	–	Prolamin
Anteil des markierten N 4 Tage nach der Verabreichung von ^{15}N-markiertem N in % des Ges.-N (FAUST, 1965)		mit 0,5 g N als $*NH_4$ $*NO_3$ nach der Blüte (8,7 at % – ^{15}N-Überschuß)
Korn	–	10
lösl. N	–	12
Prolamin	–	12
andere Proteine	–	7,5 – 9
Halm	–	9
lösl. N	–	15
Eiweiß	–	6
Blätter	–	4

die angewandte hohe späte N-Gabe den Ertrag nur (ungesichert!) auf rel. 109 erhöht hat, daß der N-Gehalt im Samen aber stark vermehrt worden ist (gesichert). Über die Ursachen geben die ^{15}N-Anteile der einzelnen Organe und N-Fraktionen 4 Tage nach der Düngung (vorzeitige Ernte einiger Gefäße bei einem anderen Versuch) Aufschluß. Man erkennt, daß der Blatt-N wenig, der Halm-N und der Korn-N dagegen viel ^{15}N enthalten. Da nun außerdem im Halm nur die löslichen N-Verbindungen (insbesondere Amid-N, Glutaminsäure und Alanin), im Korn neben diesen auch die Proteine und insbesondere das Prolamin stark markiert waren, ergibt sich eindeutig: N wird von der Wurzel aufgenommen, in einige wenige Aminosäuren eingebaut und in dieser Form gerichtet in das wachsende Korn transportiert. Dort entsteht daraus vorwiegend das zu diesem Zeitpunkt gerade synthetisierte Reserveeiweiß Prolamin. Durch Versuche an *Hordeum vulgare* L. (FAUST, 1965) und an *Pisum sativum* L. (SCHILLING und SCHALLDACH, 1966) konnte die Gültigkeit dieses Prinzips – gerichteter N-Transport in die zur Zeit der N-Gabe wachsenden Samen und vermehrte Bildung von Speichereiweißen daraus – untermauert werden. Es fragte sich aber nun, ob physiologisch anders organisierte Samenpflanzen, wie z. B. Kruziferen, in der gleichen Weise reagieren. Bei ihnen wird bekanntlich der Blütenstand nicht schon im 2–3-Blatt-Stadium ausdifferenziert wie bei Getreide, sondern erst vom Beginn der Blüte an. Die Tabelle 2 zeigt neben dem als Bezugsbasis dienenden, bereits zitierten Versuch mit *Triticum aestivum* L. das Ergebnis eines Gefäßspätdüngungsversuchs mit *Sinapis alba* L. Man erkennt aus den Markierungsdaten, daß hier offenbar ebenfalls ein gerichteter N-Transport zum Blütenstand vorliegt[2], und daß auch hier der N-Gehalt des Samens ansteigt. Interessanterweise ist dies jedoch nicht der einzige Effekt, sondern gleichzeitig wächst – im Gegensatz zu Getreide – der Samenertrag auf über das Doppelte. Das heißt, bei Pflanzen, bei denen das zur Zeit der N-Gabe wachsende Organ gerade erst ausdifferenziert wird, wird dieser Prozeß unterstützt, und die Masse dieser Pflanzenteile steigt. Daß der Mehrertrag vor allem durch erhöhte Schotenzahlen bedingt ist, folgt daraus, daß die Erhöhung der Tausendkornmasse den Ertragsanstieg nicht erklären kann (Einzelheiten bei TROBISCH, 1967). Wenn dem wirklich so ist, müßten sich durch späte N-Gaben zu Kruziferen auch in der Praxis erhöhte Samenerträge erzielen lassen. Ein erster Feldversuch mit Sommerraps diente der Untersuchung dieser Frage (unveröffentlicht). Die Tabelle 3 zeigt die Resultate. Man erkennt, daß 80 kg/ha zusätzlicher N im Frühjahr gegeben (Rosettenstadium) den Samenertrag gegenüber der Kontrolle nicht gesichert zu erhöhen ver-

[2] ^{15}N-Blattbehandlung mit D,L-Alanin ergibt prinzipiell das gleiche ^{15}N-Verteilungsmuster wie Wurzelbehandlung mit $^{15}NH_4{}^{15}NO_3$ (unveröffentlicht).

Tabelle 2

Einfluß zusätzlicher später N-Gaben auf Samenertrag und N-Gehalt der Samen von *Triticum aestivum* L. und *Sinapis alba* L. (Gefäßversuche mit Quarzsand mit 3 Parallelgefäßen, N-Grunddüngung zu *Sinapis alba* L. 1,2 g N als NH_4NO_3, KNO_3 und Ca $(NO_3)_2 \cdot 4\ H_2O$, N-Grunddüngung zu *Triticum aestivum* L. 1 g N als NH_4NO_3)

		Triticum aestivum L.	*Sinapis alba* L.
Samenertrag g/Gefäß	mit zusätzl. N*	37,3 (109)	23,5 (267)
	ohne zusätzl. N	34,2 (100)	8,8 (100)
N-Gehalt der Samen %	mit zusätzl. N*	3,9 (177)	5,98 (148)
	ohne zusätzl. N	2,2 (100)	4,05 (100)
Ursachen für die Ertragserhöhung bei *Sinapis alba* L.:			
TKM	mit zusätzl. N*	–	6,96 g (150)
	ohne zusätzl. N	–	4,64 g (100)
^{15}N at % – Überschuß 4 Tage nach Behandlung des 9. und 10. Blattes mit ^{15}N-D, L-Alanin** in			
jungen Organen		–	0,37
alten Organen		–	0,24

* Die späte zusätzliche N-Gabe betrug bei *Triticum aestiv.* L. 2,3 g N/Gef., bei *Sinapis alba* L. 1,95 g N/Gef.

** Zeitpunkt der Gabe: Blüte, ~ 52 at % – ^{15}N-Überschuß. Die Ertragszahlen der Tabelle 2 für *Sinapis alba* L. beziehen sich auf andere Gefäße.

mochten. Wurde die gleiche Menge jedoch später, zur Ausdifferenzierung des Blütenstandes, verabreicht, stieg der Ertrag gesichert auf relativ 122 an. Raps hat sich also entsprechend verhalten, d. h., N-Gaben zur Blüte bewirkten eine vermehrte Samenbildung, sie wirkten sogar besser als solche in früheren Stadien. Sicher müssen solche Versuche noch wiederholt werden, bevor der Praxis eine entsprechende Maßnahme empfohlen werden kann. Doch stützen sie die These zunächst sehr gut, daß eine entwicklungsabhängige N-Versorgung der Pflanzen vermöge des gerichteten Transportes zum wachsenden Teil zur gezielten Mehrerzeugung von be-

Tabelle 3

Einfluß später, zusätzlicher Stickstoffgaben auf den Ertrag von Sommerraps (*Brassica napus* L.) (Feldversuch 1968)

N-Zusatz-Düngung	Samenertrag dt/ha	rel.
ohne	11,4	100
80 kg N/ha im Stadium der großen Rosette	12,3	108
40 kg N/ha zum Ende des Schossens, 40 kg N/ha zur Blühmitte	13,9	122
$GD_{0,05}$	2,2	

Grunddüngung vor der Saat:

100 kg/ha N als Kalkammonsalpeter
90 kg P_2O_5/ha als Superphosphat
130 kg K_2O/ha als 40%iges Kalidüngesalz
Zusatzdüngung als Kalkammonsalpeter

stimmten Eiweißen und Pflanzenteilen ausgenutzt werden kann. Diese Gegebenheiten sind beispielsweise aus der Mitscherlichfunktion nicht abzuleiten.

Die vermutliche Allgemeingültigkeit der soeben dargelegten Tendenzen warf die Frage nach der Reaktion des Blattapparates auf zusätzliche N-Gaben im vegetativen Stadium auf, etwa unter dem Gesichtspunkt, über erhöhte N-Gaben Blatteiweißfuttermittel für monogastrische Tiere mit hohem Lysingehalt zu gewinnen. Ohne daß hier einzelne Versuchsergebnisse mitgeteilt werden können, sei erwähnt, daß das Prinzip des gerichteten Transportes in wachsende Teile hier ebenfalls galt. Durch zusätzlichen Stickstoff, der vor allem in die jungen Blätter wanderte (^{15}N-Markierung), bildeten diese Organe bei *Sinapis alba* L. mehr Masse mit etwas erhöhtem N-Gehalt in Form vor allem von Chloroplasteneiweißen (REISSMANN, 1969). Gleichzeitig stieg jedoch auch der N-Gehalt der alten Blätter beträchtlich, weil aus ihnen weniger N ausgelagert und in junge Teile transportiert wurde. Die jungen Teile wurden eben vor allem aus Dünger-N aufgebaut, so daß es anscheinend zum N-Rückstau kam. Das Ziel, auf diese Weise Blatteiweißfuttermittel zu gewinnen, ließ sich bei frühem Schnitt (geringer Rohfaseranteil) tatsächlich realisieren. Es ist zu hoffen, daß solche Futterstoffe in Zukunft im Mischfutter einen Teil des teuren Sojaextraktionsschrotes ersetzen können.

Überblickt man die geschilderten Resultate nunmehr im Zusammenhang, so zeigt sich, daß der N-Umsatz der Pflanze offensichtlich durch das

Prinzip der gerichteten N-Verlagerung zum jeweils wachsenden Organ beherrscht wird. Es fragt sich aber natürlich, ob diese Gesetzmäßigkeit, die anscheinend durch einen Sog der jüngsten Teile entsteht, nicht auch für andere Bausteine der Pflanze gilt und so als allgemeines Prinzip des Stoffumsatzes betrachtet werden kann. Beispielsweise ist bekannt (z. B. THROWER, 1962; JOY, 1964; HALE und WEAVER, 1962), daß Assimilate den gleichen Weg gehen. Dies ließ sich auch in eigenen Versuchen mit ^{14}C-markierter Saccharose, die an ein mittelhoch inseriertes Blatt von *Sinapis alba* L. verabreicht wurde, bestätigen (unveröffentlicht). Ebenso verhielt sich ^{14}C, wenn er als $^{14}CO_2$ dem gleichen Blatt zur Verfügung stand, und bei *Hordeum vulgare* L. ergaben sich die gleichen Verhältnisse (unveröffentlicht).
Nun fragt sich jedoch, ob dieser gerichtete Abtransport der Assimilate Rückwirkungen auf die Photosynthese ausübt, etwa in dem Sinne, daß bei stärkerem Sog mehr assimiliert wird. In diesem Falle wäre die Photosynthese eine abgeleitete Größe, sie würde in ihrem Umfang vom Sog der wachsenden Teile beeinflußt. Daher wurden Versuche mit *Hordeum vulgare* L. zur Zeit der Ährenbildung durchgeführt, bei denen einmal die $^{14}CO_2$-Bindung des Fahnenblattes unter normalen Bedingungen, zum anderen bei verdunkelter Ähre untersucht wurde. Im letzteren Falle sollte durch Störung der Photosynthese in der Ähre ein verstärkter Sog auf das Fahnenblatt ausgeübt werden. Die Tabelle 4 zeigt die Resultate.

Tabelle 4

Einfluß der Ährenverdunklung auf die „apparente“ ^{14}C-Einbaurate des Fahnenblattes je cm^2 Blattfläche in 1000 Imp·/min · cm^2 und Relativzahlen (in Klammern) bei *Hordeum vulgare* L. sowie auf den Anteil der in 24 Std. ausgewanderten ^{14}C-Menge (Mitscherlichgefäße mit 5 kg Quarzsand und 1 kg Boden), (RÖMER, unveröffentlicht, Disskusion der Einzelheiten an anderer Stelle)

N-Stufe, Ährenbehandlung	^{14}C-Einbaurate		GD 1%	GD 5%	Anteil der ausgelagerten ^{14}C-Menge in %	GD 1%	GD 5%
0,7 g N/Gefäß							
Ähre hell	255	(100)	84	53	81		
Ähre dunkel	290	(113)			84		7,4
1,4 g N/Gefäß							
Ähre hell	144	(100)			70,4		
Ähre dunkel	418	(290)	194	117	90,1	15,9	9,6

Betrachtet man zunächst die 1,4-g-N-Variante, so wird deutlich, daß die Ährenverdunklung die ^{14}C-Einbaurate des Blattes auf 290% erhöht hat. Daß dieser Effekt tatsächlich auf den verstärkten Sog der Ähre zurückzuführen ist, wird durch den gleichzeitig von 70 auf 90% erhöhten Anteil der aus dem Blatt ausgewanderten ^{14}C-Menge untermauert Funktionstüchtige Laubblätter haben also offensichtlich beachtliche Reserven hinsichtlich der „apparenten" Photosynthesefähigkeit, und der Sog des wachsenden Organs bestimmt über ihre Ausschöpfung. Die Größe der Reserven hängt dabei vielleicht u. a. von der N-Ernährung ab, wie aus dem Vergleich mit der 0,7-g-N-Variante hervorgeht. Dieses Resultat, das sich in weiteren Versuchen bestätigen ließ, dokumentiert, daß auch die Leistung des Photosyntheseapparates vom Prinzip des Soges wachsender Organe beeinflußt wird. Das Ergebnis könnte sich vielleicht dahingehend nutzbar machen lassen, daß mit Hilfe einer selbst gebauten, tragbaren $^{14}CO_2$-Begasungsapparatur die Photosynthesereserven verschiedener Zuchtstämme ermittelt werden. Dadurch könnten sich u. U. Kreuzungspartner finden lassen, die sich physiologisch ergänzen. Ob sich wirklich derartige Möglichkeiten bieten, ist im Moment noch nicht abzusehen.

Wenn man diese Ergebnisse im Zusammenhang mit den vorher dargelegten betrachtet, wird deutlich, daß der Baustoffsog junger, Proteinsynthese betreibender Organe offenbar den gesamten Stoffumsatz beherrscht. Weiterreichende Eingriffe in den Stoffwechsel müssen daher offenbar an diesen „aktiven" Zentren angreifen; denn wenn ihre Lebensdauer und ihr Leistungsvermögen beeinflußt werden, sollten die von ihnen abhängigen anderen Stoffwechselprozesse von selbst mit gesteuert werden. Eine wichtige Frage in diesem Zusammenhang war daher, wie der gerichtete Transport zu den wachsenden Teilen zustande kommt. Ist er die Folge des Baustoffverbrauchs bei der Proteinsynthese, oder wird er durch einen davon unabhängigen Prozeß gesteuert? Diese Frage läßt sich beantworten, wenn man die Verlagerung zweier blattapplizierter Aminosäuren vergleicht, von denen eine – gegebenenfalls nach Transaminierung – in das Eiweiß des wachsenden Organs eingebaut wird, z. B. L-Alanin, die andere aber nicht, z. B. α-Aminoisobuttersäure. Die Tabelle 5 zeigt das Ergebnis eines entsprechenden Versuches mit *Sinapis alba* L. Man erkennt, daß sowohl der markierte Alanin-N als auch der markierte α-Aminoisobuttersäure-N in die Blütenknospen – die gerade wachsenden Teile – verlagert worden ist. Daß es sich hierbei um den üblichen gerichteten Transport handelt, geht daraus hervor, daß ^{15}N-Menge und ^{15}N-Anteil in den unbehandelten Blättern viel geringer waren als in den Blütenknospen. Der Umfang erscheint in beiden Fällen annähernd gleich. Bei Alanin ist jedoch der größte Teil des markierten N im Protein dieser Organe wiederzufinden, bei α-Aminoisobuttersäure verbleibt er im löslichen Anteil. Der gerichtete Transport trifft also anscheinend für beide Verbindungen zu, und er hängt nicht von der Einbaufähigkeit der verabreichten Substanz ins Eiweiß ab. Das aber bedeutet, daß der gerichtete Transport durch einen Mechanismus bewirkt wird, der nicht direkt mit dem Verbrauch der Baustoffe zusammenhängt. Die „Aktivität" junger Teile ist daher vielleicht

Tabelle 5

Verteilung markierten Stickstoffs auf die Protein- und Nichtprotein-Fraktion von Blütenknospen nach Applikation von ^{15}N-markiertem Alanin bzw. ^{15}N-markierter α-Aminoisobuttersäure bei *Sinapis alba* L. (Mitscherlichgefäße mit Quarzsand; Applikationsort: 1. Laubblatt (jeweils 30 Pflanzen behandelt), Applikationszeitpunkt: Beginn der Blüte (8-Blatt-Stadium) (unveröffentlicht)

applizierte Aminosäure	Meßgröße	Eiweiß	Fraktion lösl. N-Verb.	insgesamt
α-Aminoisobutter-säure	*N μg	254	4260	4514
	rel.	6	94	100
	Ges.-N rel.	75	25	100
L-Alanin	*N μg	2661	665	3326
	rel.	80	20	100
	Ges.-N rel.	79	21	100

mindestens durch zwei Stoffwechselketten gekennzeichnet, eine der Baustoffakkumulation und eine der Proteinbildung. Dabei ergeben sich auch gute Übereinstimmungen mit den Ergebnissen von MOTHES und Mitarb. (1961) über das Attraktionsvermögen kinetinbehandelter Stellen an abgeschnittenen Laubblättern. Offen bleibt dabei natürlich die Frage, wodurch die Aktivität dieser Zentren geregelt wird. Nach neueren Erkenntnissen dürften hier die Wachstumsregulatoren eine bedeutende Rolle spielen. Am leichtesten wird man Einblick in die Vorgänge bekommen, wenn versucht wird, den Wirkungsmechanismus irgendwelcher Wirkstoffe aufzuklären, von denen man weiß, daß schon Spuren starke Wuchsveränderungen verursachen. Als Beispiel ist von uns das 2-Chloräthyltrimethylammoniumchlorid (CCC) herangezogen worden. Es ließ sich nachweisen, daß die durch CCC bewirkte Halmverkürzung bei *Triticum aestivum* L. ausbleibt, wenn gleichzeitig GA_3 gespritzt wurde (SCHILLING und BERGMANN, 1968). Daneben aber wurde festgestellt, daß nach CCC-Anwendung die ^{14}C-Aktivität im biologisch aktiven Fleck des Dünnschichtchromatogramms, in dem sich GA_3 befindet, geringer wird, sofern ^{14}C als Mevalonsäure (Präkursor der Gibberelline) verabfolgt worden war. Dies weist auf einen Eingriff des CCC in die Gibberellinbiosynthese hin (Tab. 6), der aber noch exakt zu beweisen ist. Immerhin deutet sich auf diese Weise an, daß die Anwendung von Substanzen, die in die Wuchsstoffsynthese eingreifen, vielleicht Schlüssel zur Steuerung des Geschehens in Synthesezentren sein können.

Überblickt man abschließend diese physiologischen Resultate im Zusammenhang, so läßt sich feststellen, daß durch Stoffwechselstudien und Erkennen von Reaktionsketten in der Pflanze sicher Fortschritte in der hier zur Debatte stehenden Richtung erzielt werden können. Allerdings

Tabelle 6

Einfluß von CCC (7 ml CCC-Lösung, $2{,}5 \cdot 10^{-2}$ Mol/l, im 2-Blatt-Stadium gespritzt) auf die Halmlänge und auf die Synthese biologisch aktiver Substanzen, die chromatographisch GA_3 entsprechen, aus ^{14}C-Mevalonsäure (CCC über Boden, Mevalonsäure über 4. Blatt verabreicht) (Gefäßversuch mit 5 Parallelgefäßen)

Varietät	Halmlänge		Radioaktivität der GA_3-Fraktion im DC	
	Kontrolle	+ CCC	Kontrolle	mit CCC
Sommerweizen „Remo“	100 (= 54,5 cm)	71,6	100 (= 944 I/min)	39,5*

* Bei GD 0,1 % gesichert

müssen die aus den Ergebnissen abgeleiteten Voraussagen in Feldversuchen auf ihre Praxiswirksamkeit überprüft werden. Durch die so ermöglichte Vorauswahl physiologisch sinnvoller Inputkombinationen dürften sich aber auch Erleichterungen für die Anwendung der dargelegten mathematischen Ansätze bieten, indem die interessanten Konstellationen von Anfang an betont einbezogen werden können. Schließlich aber könnte der damit beschrittene Weg auch allmählich zu einer echten kybernetischen Betrachtungsweise führen, die gegebenenfalls über die Aufstellung von Blockschaltbildern für den Stoffwechsel zu quantitativen kybernetischen Modellen führt, vielleicht sogar einmal zum Bau von Simulationsmodellen. Wenn die Abhängigkeit verschiedener Stoffwechselketten voneinander untersucht und das übergeordnete Prinzip der Steuerung und ihrer Beeinflußbarkeit durch Außenfaktoren erkannt werden soll, so dient das letztlich der Konstruktion von Teilen solcher Blockschaltbilder. Allmählich wird also die physiologische Forschung zusammen mit der Anwendung mathematischer und kybernetischer Methoden eine Einheit bilden müssen, wodurch der Fortgang der Erkenntnis sicher auch zum Nutzen der Praxis eine Beschleunigung erfährt.

Zusammenfassung

Eine zentrale Aufgabe der physiologisch betrachteten Pflanzenernährung in der DDR ist die Ermittlung von Möglichkeiten, die in Zukunft zur Verfügung stehenden hohen Mineraldüngermengen sinnvoll einzusetzen. Das bedeutet, daß neue Eingriffsmöglichkeiten in den Stoffwechsel gefunden werden müssen, um das Nährstoffverarbeitungsvermögen der

Kulturpflanze zu erhöhen, und zwar in Verbindung mit der Pflanzenzüchtung. Folgende Wege bieten sich grundsätzlich an:

a) Ermittlung von mathematischen Beziehungen zwischen Wachstumsfaktoren und Ertrag mit dem Ziel, durch systematische Prüfung vieler Konstellationen günstige Kombinationsmöglichkeiten für Nährstoffgaben mit anderen Maßnahmen zu finden

b) Studium der Stoffwechselketten in der Pflanze, ihrer Verknüpfung untereinander sowie ihrer Beeinflußbarkeit durch Außenfaktoren mit dem Ziel, Glieder in ihnen zu finden, in die sich steuernd eingreifen läßt

Bei dem unter a) genannten Verfahren hängt die Entscheidung über den Nutzen von der Art des mathematischen Ansatzes ab. Die meisten bisher entwickelten „Ertragsgesetze" gehen von nicht exakt zutreffenden Voraussetzungen aus und spiegeln daher die Realität nicht umfassend genug wider (z. B. „Wirkungsgesetz der Wachstumsfaktoren" von MITSCHERLICH). Die allgemeineren Ansätze (z. B. derjenige von CLAUS und UNGER, 1965) verlangen sehr hohen versuchstechnischen Aufwand, um alle in Frage kommenden Konstellationen der Wachstumsfaktoren zu prüfen. Es erscheint daher sinnvoll, auf anderem Wege zunächst zu einer Vorauswahl zu prüfender Konstellationen zu gelangen.

Der unter b) genannte Weg analysiert daher den Gang von Stoffwechselreaktionen in Abhängigkeit voneinander und von einzelnen Umweltfaktoren, um zur Beschreibung und zum Verständnis des Systems Pflanze zu gelangen. Ausgehend von den ersten eigenen Versuchen dieser Art werden einige neue Ergebnisse vorgelegt. Aus ihnen ist abzuleiten, daß die gerichtete Verlagerung von Dünger-N in das jeweils gerade wachsende Organ wohl für alle Pflanzen gilt und zur Steigerung des Samenertrages bei *Sinapis alba* L. und *Brassica napus* L. über N-Gaben zur Blüte ausgenutzt werden kann. Weiterhin bieten sich durch zeitlich gezielte N-Gaben Möglichkeiten, zu lysinreichen Blatteiweißfuttermitteln zu gelangen. Das Prinzip der gerichteten Baustoffverlagerung gilt aber auch für Assimilate, und die Größe des „Soges" wachsender Teile beeinflußt die $^{14}CO_2$-Einbaurate der Spendeblätter. Es wird bei Gerste gezeigt, daß die Pflanze offenbar erhebliche Reserven an Photosynthesekapazität besitzt, wobei der Ernährungszustand jedoch eine Rolle spielt. Die Photosynthese stellt sich damit als ein Prozeß dar, dessen Intensität unter normalen Bedingungen vom „Sog" der wachsenden Teile abhängt, und das genannte Prinzip des gerichteten Baustofftransportes scheint den gesamten Stoffwechsel zu beherrschen. Weiterreichende Eingriffe müßten daher am aktiven Zentrum des wachsenden Organs selbst angreifen. Über die Aufklärung des Wirkungsmechanismus von 2-Chloräthyltrimethylammoniumchlorid bei Getreide ließen sich Anhaltspunkte für die Rolle von Gibberellinen gewinnen, und der gezielte Eingriff in den Wuchsstoffhaushalt zur Beeinflussung aktiver Zentren der Pflanze rückt in greifbare Nähe.

Die genannten physiologischen Ergebnisse können vielleicht nicht nur direkt Hinweise auf neue Eingriffsmöglichkeiten in den Stoffwechsel bieten, sondern gleichzeitig als Vorbereitung von Blockschaltbildern für das System Pflanze dienen. Dadurch könnte es möglich werden, in späterer Zeit auch kybernetische Modelle – zunächst für Teilsysteme – zu entwickeln und für die weitere Forschung zu nutzen. Außerdem dürften sich hierbei genügend Hinweise ergeben, um entscheidende Parameter für bessere Ertragsgesetze aufzufinden.

Резюме

Название работы: Новые результаты и проблемы питания растений в Германской Демократической Республике

Установление возможностей рационального применения производимых в будущем в ГДР высоких количеств минеральных удобрений является центральной задачей питания растеий учитывающего физиологию. Отсюда вытекает необходимость изыскать новые возможности вмешательства в обмен веществ растения для повышения путем селекции способности культурных растений усваивать питательные вещества. В принципе имеются следующие пути:

а) Установление математических связей между факторами роста и урожайностью с целью систематического изучения различных группировок факторов для выявления положительных возможностей сочетания применяемых питательных веществ с другими мероприятиями.

б) Изучение цепей обмена веществ в растении, их взаимосвязей и подверженности влиянию внешних факторов для выявления в них звеньев, поддающихся направленному воздействию.

При упомянутом в пункте а) способе эффект зависит от вида математического подхода. Большинство разработанных до сих пор «законов урожайности» исходит из несоответствующих в точности предпосылок и поэтому не отражает действительности с достаточной полнотой (например: «закон действия факторов роста Митчерлиха»). Более общие приемы (например Клауса и Унгера, 1965) требуют очень трудоемких опытов для изучения всех возможных группировок факторов роста. Поэтому представляется целесообразным проводить другим путем предварительный отбор изучаемых группировок.

Названный в пункте б) путь требует анализа хода реакций обмена веществ в их взаимодействии, а также в зависимости от отдельных факторов внешней среды для описания системы «растение» и получения о ней представления. Исходя из первых собственных опытов сообщаются некоторые новые результаты. Они позволяют сделать вывод,

что направленное перемещение азота удобрения в растущий в данный момент орган, по-видимому, относится ко всем растениям, и что применением азота в период цветения можно повысить семянопродуктивность у *Sinapis alba* L. и *Brassica napus* L. Кроме того имеется возможность своевременным применением азота добиться богатых лизином содержащих растительный белок кормов. Принцип направленного перемещения строительных элементов действителен и в отношении ассимилятов, и объем обусловленного растущими частями «всасывания» влияет на степень включения CO_2^{14} синтезирующих листьев. На ячмене показано, что растение, по-видимому, обладает значительными резервами для фотосинтеза, причем, однако, обеспеченность питательными веществами играет значительную роль. Фотосинтез таким образом представляет собой процесс, интенсивность которого в нормальных условиях зависит от обусловленного растущими частями «всасывания», и упомянутый принцип направленной транспортировки строительных элементов по-видимому управляет обменом веществ в целом. Более значительные воздействия должны быть направлены на активный центр растущего органа. В результате выяснения механизма действия хлорида 2-хлорэтилтриметиламмония у зерновых были получены данные о роли гиббереллинов, и возможность направленного вмешательства в баланс ростовых веществ для воздействия на активные центры растения принимает реальные формы.
Вышеприведенные физиологические результаты, быть может смогут не только давать непосредственные сведения о возможности вмешательства в обмен веществ, но послужат одновременно и подготовке блок-схемы для системы «растение». Этим может быть становится возможным разработать в более позднее время кибернетические модели — в первую очередь для подсистем — и использовать их для дальнейших исследований. Кроме того при этом вероятно будет собрано достаточно данных, чтобы установить решающие параметры для лучших законов урожайности.

Summary

Title of the paper: New results and problems of plant nutrition in the GDR

Under the physiological aspect, plant nutrition in the GDR has the main task of looking for possibilities of a rational use of the large amounts of fertilizers which will be available in future. This involves the need for finding new ways of influencing the plants' metabolism in order to increase the ability of the crops to convert nutrients. This is a task to be accomplished in close contact with plant breeding. In principle, the following approaches are at hand:
a) Investigation of the mathematical relations between growth factors

and yield in order to find favourable variants of combining nutrient applications and other practices through a systematic study of many constellations.

b) Study of the metabolic chains in the plant, their interdependence as well as the possibility of influencing them by exogenous factors with a view of finding links between them which can be controlled by man.

In the approach mentioned under a) the decision on its usefulness depends upon the type of mathematical set-up. Most of the hitherto established "yield laws" do not proceed from exactly holding suppositions and, therefore, do not adequately reflect the reality (for example, MITSCHERLICH's "Laws of growth factors"). The more general set-up (that of CLAUS and UNGER, 1965, for example) requires a very high experimental expense for studying any of the growth factor constellations in question. Therefore, it appears to be reasonable to arrive in some other way at a preselection of the constellations to be studied.

The approach noted under b), therefore, analyzes the metabolic reactions in mutual interdependence and under the influence of the different environmental factors in order to arrive at a description and understanding of the system "plant". On the basis of first own trials of this kind new results are presented. From these results can be concluded that the directed translocation of fertilizer N to the respective growing organ certainly applies to all plants and can be used for increasing the seed yield of *Sinapis alba* L. and *Brassica napus* L. by applying N-dressings at blossom. There are further possibilities through time-specific N-applications for obtaining high-lysine leaf protein feedstuffs. The principle of directed matter translocation also applies to assimilates, and the magnitude of "suction" of growing plant-parts has an influence on the $^{14}CO_2$-incorporation rate of the donor leaves. Barley is used to demonstrate that the plant obviously has considerable reserves of photosynthetic capacity, though the nutritional state plays a certain part. Thus, photosynthesis is a process whose intensity under normal conditions depends upon the "suction" of the growing parts, and the mentioned principle of directed matter transport seems to govern the whole metabolism. More far-reaching interventions must, therefore, be aimed at the active centre of the growing organ. By clarifying the mode of action of (2-Chloroethyl)-trimethylammonium chloride in cereals, it will be possible to obtain data on the part played by the gibberellins, and the directed intervention in the growth-substance balance for influencing the active centres of the plant would become ever more feasible.

The physiological results mentioned might not only suggest new possibilities of intervening in metabolism, but at the same time could help to prepare new block diagrams for the system "plant". Thus it would be possible to develop also cybernetic models – first for part systems only – and to use them in further research tasks. In addition, this could provide a wide range of suggestions for finding decisive parameters of more exact yield-governing laws.

Literatur

BAULE, B.: Zu Mitscherlichs Gesetz der physiologischen Beziehungen. Landwirtsch. Jb. 51 (1918), S. 363–385

BOGUSLAWSKI, E. v.: Das Ertragsgesetz. In: Handbuch der Pflanzenphysiologie. Bd. IV, Berlin-Göttingen-Heidelberg, Springer Verl. 1958

BOGUSLAWSKI, E. v.; SCHNEIDER, B.: Die dritte Annäherung des Ertragsgesetzes. 1. Mitt. Z. Acker- u. Pflanzenbau 114 (1961/62), S. 221–236

BOGUSLAWSKI, E. v.; SCHNEIDER, B.: Die dritte Annäherung des Ertragsgesetzes. 2. Mitt. Z. Acker- u. Pflanzenbau 116 (1963), S. 113–128

BOGUSLAWSKI, E. v.; LIMBERG, P.; SCHNEIDER, B.: Grundfragen und Gesetzmäßigkeiten der Ertragsbildung. Z. Acker- u. Pflanzenbau 116 (1963), S. 231–256

CLAUS, S.; UNGER, K.: Zum quantitativen Vergleich der Ertragsbildung verschiedener Sorten. Der Züchter 35 (1965), S. 41–46

ENGEL, K.-H.: Physiologie der Ertragsbildung vom Standpunkt der Stoffproduktion. Sitz.-Ber. Dt. Akad. Landwirtsch.-Wiss. Berlin 12 (1963), H. 13

ENGEL, K.-H.: Persönliche Mitt., 1969

FAUST, H.: Untersuchungen über Verteilung und Umsatz spät gedüngten Stickstoffs bei *Triticum aestivum* L. und *Hordeum vulgare* L. Jena, Fr.-Schiller-Univ., Habil.-Schr. 1965

HALE, C. R.; WEAVER, R. J.: The effect of developmental stage on direction of translocation of photosynthates in *Vitis vinifera.* Hilgardia 33 (1962), S. 89–131

JOY, K. W.: Translocation in sugar beet. J. exp. Bot. 15 (1964), S. 485–495

KALTOFEN, H.: Mathematische Voraussage und experimenteller Nachweis eines zunehmenden Ertragszuwachses. Forsch. u. Fortschr. 40 (1966), S. 138–143

MITSCHERLICH, E. A.: Das Gesetz des Minimums und das Gesetz des abnehmenden Bodenertrages. Landwirtsch. Jb. 38 (1909), S. 537–552

MITSCHERLICH, E. A.: Bodenkunde für Landwirte, Forstwirte und Gärtner. 5. Aufl., Halle, Max Niemeyer Verl., 1949

MITSCHERLICH, E. A.: Die zweite Annäherung des Wirkungsgesetzes der Wachstumsfaktoren. Z. Pflanzenernähr., Düng., Bodenkd. A 12 (1928), S. 273–282

MOTHES, K.; ENGELBRECHT, L.; SCHÜTTE, H.: Über die Akkumulation von α-Aminobuttersäure im Blattgewebe unter dem Einsatz von Kinetin. Physiol. Plant. 14 (1961), S. 72–75

REISSMANN, R.: Untersuchungen über die stoffliche Verarbeitung zusätzlicher Mineralstickstoffmengen durch die vegetativen Teile von *Sinapis alba* L., *Helianthus annuus* L. und *Trifolium pratense* L. Jena, Fr.-Schiller-Univ., Diss. 1969

RIPPEL, A.: Zur experimentellen Widerlegung des Mitscherlich-Bauleschen

Wirkungsgesetzes der Wachstumsfaktoren. Z. Pflanzenernähr., Düng., Bodenkd. A 8 (1926), S. 65–79
SCHEFFER, F.: Der Minimumfaktor und die Kornertragsbildung. Z. Pflanzenernähr. u. Bodenkd. 27 (1942), S. 162–180
SCHILLING, G.; SCHALLDACH, I.: Untersuchungen über Transport, Einbau und Verwertung spät gedüngten Mineralstickstoffs bei *Pisum sativum* L. Thaer-Arch. 10 (1966), S. 895–907
SCHILLING, G.; BERGMANN, H.: Untersuchungen über die Wirkungsweise von Halmstabilisatoren bei Getreide mit besonderer Berücksichtigung von Chlorcholinchlorid. Wiss. Z. Univ. Jena, Math.-Naturwiss. R., 17 (1968), S. 515–521
SIMCHEN, H.: Gedanken zum Düngungssystem. Feldwirtschaft 9 (1968), S. 512–513
THROWER, S. L.: Translocation of labelled assimilates in the Soybean. II. The pattern of tanslocation in intact and defoliated plant. Aust. J. Biol. Sci. 15 (1962), S. 629–649
TROBISCH, S.: Untersuchungen über die physiologischen Grundlagen der Samenertragsbildung bei einjährigen Pflanzen mit besonderer Berücksichtigung von *Sinapis alba* L. Jena, Fr.-Schiller-Univ., Habil.-Schr. 1967

Anschrift des Verfassers:

Prof. Dr. Günther SCHILLING
Landwirtschaftlich-Chemisches Institut
der Friedrich-Schiller-Universität Jena
69 Jena, Philosophenweg 14